La terre est immobile

Carl Schoepffer

La terre est immobile

*Les preuves que la terre
ne tourne ni sur son axe
ni autour du soleil*

L'image de couverture est à but décoratif, pas éducatif. Elle est non-contractuelle : nous ne garantissons absolument pas que la terre vue de l'espace ressemble à cela.

Avant-propos

Ce que vous allez lire est le texte d'une conférence tenue à Berlin, au milieu du XIXème siècle, par le professeur allemand Carl Schoepffer.

Cette conférence a été réédité sept fois en allemand. La septième édition a été ensuite traduite en anglais et publiée aux États-Unis.

C'est la première fois qu'elle est traduite en français.

Conférence du Professeur Carl

Messieurs,

C'est faire preuve de courage que de se tenir ici devant vous afin de vous démontrer la fausseté d'une opinion que vous prenez pour vraie et correcte depuis votre enfance. Je crois que je peux juger de l'opinion que vous avez de moi en ce moment car je l'aurais eu de moi-même il y a trois mois de cela si j'avais affirmé que la terre reste immobile et que le soleil tourne autour d'elle.

J'aurais considéré un tel homme comme étant soit un ignorant soit un dément ; et désormais je considère la stabilité de la terre comme une vérité inébranlable. De plus, je crois que s'il y a parmi vous des gens qui examinent ce que je vais vous exposer sans préjugés ni idées préconçues, vous partagerez bien vite mon opinion.

Il n'y a pas longtemps, nous avons eu l'occasion d'assister aux tests du pendule, qui selon la théorie du physicien reconnu, M. Léon Foucault, fournissent la preuve de la rotation quotidienne de la terre sur son axe. Je n'avais jamais vraiment fait attention à ces tests du pendule. Même si, quand j'expliquais la révolution de la Terre autour du soleil à mes élèves, garçons et filles lors de mes leçons de géographie et de physique, j'ai toujours trouvé un point (dont vous prendrez connaissance au cours de ma conférence) très étrange et incompréhensible, mais j'étais encore si convaincu de la rotation quotidienne de la Terre et de sa course autour du soleil que je considérais la preuve du pendule de M. Foucault comme entièrement superflue. Cependant, j'étais présent à l'expérience et je vais l'expliquer en quelques mots afin de rendre l'application claire.

Imaginons un nombre limité ou illimité de cercles parallèles à l'équateur autour du globe terrestre. Ces cercles sont appelés des cercles parallèles justement en raison de leur parallélisme avec l'équateur. Du fait de la forme sphérique de la Terre, les cercles deviennent de plus en plus petits à mesure qu'on se rapproche des pôles. Et si nous pouvions imaginer deux cercles parallèles tracés autour de la Terre traverser cette salle de conférence, celui du Nord, même ainsi, serait un peu plus petit que celui du sud. Laissons maintenant la Terre tourner sur son axe en 24 heures jusqu'à ce que les deux cercles parallèles imaginaires passant par cette salle fassent une rotation complète. Comme les deux cercles effectuent leur parcours dans un temps égal, et que celui du sud est plus grand que celui du nord, les parties propres à celui du sud doivent se déplacer avec une plus grande rapidité que celles du nord.

Jetons brièvement un coup d'œil à cet instrument si largement connu, mais encore énigmatique à bien des égards, que nous appelons le pendule. Il est possible de montrer que l'oscillation régulière du pendule est indépendante des altérations (rotations) de son point de suspension. Cette immutabilité de l'oscillation régulière est la preuve selon M. Foucault de la rotation de la Terre sur son axe.

Si, par exemple, nous laissons un pendule osciller dans une direction nord-sud, à travers les deux cercles parallèles que nous avons imaginé passer dans cette salle, alors cette même oscillation, comme le suppose M. Foucault, ne sera-t-elle pas affectée par la rotation du plan (ou du point de suspension), et en conséquence sera en avance sur le nord, le cercle parallèle tournant le plus lentement, et prendra du retard sur le sud, le cercle parallèle tournant le plus rapidement.

Le tracé du pendule va rapidement dévier de sa direction Nord-Sud, l'extrémité au départ au nord balance de plus en plus vers l'est et l'extrémité au départ au sud de plus en plus vers l'ouest, jusqu'à ce que finalement le pendule balance entièrement dans une direction est-ouest. À ce stade, la cause de la déviation a cessé car le pendule ne circule plus sur deux cercles parallèles mais sur un seul cercle. Étant donné que la cause de la déviation n'existe plus, celle-ci devrait cesser. Mais non, elle continue ! Le pendule quitte également la direction est/ouest, pour dévier vers le sud-est et le nord-ouest, et atteint ainsi les conditions selon lesquelles, selon Foucault, il doit dévier à nouveau !

Maintenant, comme le pendule ne reste pas dans la direction est-ouest, mais dévie également de celle-ci, Je pense être en droit de croire que la déviation du pendule est causée par autre chose que la rotation de la Terre, quelque chose, il est vrai, qui nous est encore inconnu. Par ailleurs, j'ai prouvé, par des expériences sérieuses, que la déviation n'est pas la même avec tous les pendules.

Plus le balancier est lourd, plus la déviation du pendule est lente, plus le balancier est léger, plus la déviation se produit rapidement. Puisque la rotation de la Terre, si elle existe, doit être uniforme, la déviation devrait nécessairement être la même avec tous les pendules ; mais ce n'est pas le cas.

Convaincu que l'expérience de Foucault avec le pendule était fausse, j'ai examiné plus attentivement les autres raisons à partir desquelles, jusqu'à présent, la rotation de la Terre sur son axe à été déduite, et ainsi je me suis aperçu qu'il n'y a pas eu la moindre démonstration de cette supposition.

Il y a longtemps, l'indien Rahmagypta et les pythagoriciens Philolaos, Hicétas de Syracuse, et Aristarque de Samos (né vers 310 av. JC) affirmaient que la sphère étoilée est immobile, et que la terre tournant sur son axe provoque l'illusion du déplacement quotidien de l'ensemble des corps célestes.

Ces hommes, qui étaient tous de grands penseurs, acceptaient cette opinion car ils ne pouvaient pas appréhender la vitesse à laquelle les corps célestes doivent voler pour accomplir leur course quotidienne autour de la terre en 24 heures. Mais de nos jours, chacun admettra que cette objection est sans objet. Dites à un campagnard, dans un endroit où il n'y a pas encore le chemin de fer et où il n'y a que des chariots, qu'on peut parcourir un mile en cinq minutes, et il pensera que c'est absolument impossible. Et pourtant nous savons que la lumière voyage à 40 000 miles à la seconde et que la vitesse de l'électricité est encore plus grande[1]. Par conséquent, Messieurs,

---

1 Ces chiffres sont tout aussi obsolètes que l'est l'idée de la vitesse du train. La conférence s'est tenue en 1854.

La vitesse de la lumière est maintenant estimée à 186.000 miles par seconde à travers l'air, tandis que la vitesse de l'électricité, à travers l'air, est considérée comme égale à celle de la lumière, suggérant une connexion entre ces deux choses. La décharge électrique allant d'une bouteille de

l'argument que les corps célestes (orbitant dans un espace qui, selon nos suppositions, est vide ou rempli d'une matière très mince dont nous ignorons la nature) ne peuvent avoir une telle vitesse pour accomplir leur course autour de la terre en vingt-quatre heures est frappé de nullité.

Arrêtons-nous maintenant sur un autre argument qui a été accepté, mais qui est également caduque. En mesurant les méridiens de la terre, nous avons découvert que la terre est aplatie aux pôles, et que le diamètre de l'équateur et plus large qu'un axe de pôle à pôle. L'homme, qui tente de percer tous les secrets de la nature, essaiera en vain d'enquêter sur les causes de cet aplatissement au niveau des pôles, dont Newton pensait trouver la cause dans la rotation de la terre. Par ce mouvement toutes les particules, en particulier les corps en surface, sont supposés avoir une impulsion pour s'éloigner de la terre, et cette opinion est, en accord avec Newton, acceptée par tous.

Cette tendance est appelée force centrifuge. Aux pôles, où la vitesse de rotation est nulle, cette force devrait être égale à zéro, et de là, elle devrait augmenter jusqu'à l'équateur proportionnellement à la taille des cercles parallèles ; car, comme je l'ai déjà dit, plus le cercle parallèle est grand, plus les

---

Leyde à travers un fil de cuivre a été estimée par Wheaton à 288.000 miles par seconde.

points de celui-ci doivent se déplacer rapidement, à condition bien sûr que la terre tourne réellement sur son axe. On peut donc considérer qu'une plus grande partie de la masse terrestre est pressée vers l'équateur, et qu'une plus grande masse est accumulée autour de l'équateur, car ici la tendance centrifuge agit avec la plus grande force. De ce fait, on affirme que la terre doit tourner, car sans la rotation de la terre, la force centrifuge n'existerait pas, et sans la tendance centrifuge, il n'y aurait pas d'accumulation de masses plus importantes dans les zones équatoriales.

Nous avons là une autre de ces prétendues preuves de la rotation de la terre sur son axe que je ne peux accepter et qui a été répudiée par d'autres avant moi. Je suis loin de contester l'exactitude des mesures de degrés, bien que les mesures faites dans des occasions variées ne fassent pas l'unanimité. Nous allons tenir pour acquis que le diamètre de l'équateur est supérieur à la longueur de l'axe de la terre. N'y a-t-il pas cependant aucune autre raison plus logique qui aurait pu causer une plus grande accumulation de masses aux latitudes équatoriales ? Il est connu que la chaleur a une force d'expansion, et le froid une force de contraction. N'est il pas possible que, au cours des milliers d'années qui se sont écoulés depuis que notre terre existe, la chaleur des tropiques ait provoqué une expansion des latitudes équatoriales, tandis que le froid des pôles causait la contraction continue des régions polaires ?

Il y a, cependant, une autre raison plus évidente qui explique l'origine d'une plus grande accumulation de masses dans les latitudes équatoriales. La terre semble être dans un état de croissance continue, et la faune et la flore participent beaucoup de cette croissance.

Ce n'est ni le lieu ni le moment de parler de l'immense strate de charbon que nous avons trouvé à des profondeurs considérables (et plus encore de ce que nous trouverons dès que nous aurons réussi à pénétrer plus profondément la terre). De même, aborder les restes d'animaux, en partie microscopiques, qui forment des strates et des montagnes entières nous entraînerait trop loin.

Je mentionne juste le fait que des landes de gazon poussent sur nos plus hautes chaînes de montagnes et que nos agriculteurs produisent une couche d'humus sur un terrain rocheux en établissant des prairies, parce qu'ils savent qu'une couche de terre est générée par la pousse du gazon. Et maintenant, laissez moi vous demander où cette croissance pourrait, grâce aux restes de la faune et de la flore, se produire avec un effet maximal : dans les régions les plus chaudes, où la faune et la flore abondent, ou dans les régions polaires, où il n'y a qu'une vie réduite qui diminue à mesure qu'on s'approche des pôles ?

La terre est immobile

Maintenant, messieurs, tant qu'on ne nous donne pas des raisons plus simples pour expliquer le pourquoi de l'accumulation des masses dans les zones plus chaudes au cours de tant de milliers d'années, je ne peux me voiler la face en acceptant que ce résultat soit dû à la tendance centrifuge causée par la rotation de la terre sur son axe ; et d'autant plus que je vais plus tard attirer votre attention sur certaines contradictions dans lesquelles la théorie de la tendance centrifuge nous enfoncerait.

J'en viens maintenant à la quatrième et dernière assertion par laquelle la rotation de la terre est soit-disant démontrée. Le Français J. Richer observa en 1672 qu'une horloge à pendule fonctionnant normalement à Paris perd chaque jour 2 minutes et demi à Cayenne, c'est à dire, cinq degrés au nord de l'équateur ; J. Richer dut raccourcir le balancier d'un huitième de pouce pour que celui-ci fonctionne correctement. On sait que plus un balancier est court, plus sa vitesse augmente, et plus il est long, plus sa vitesse diminue. Plus tard, on a également découvert qu'il se produit un ralentissement notable des oscillations du balancier en haut des hautes montagnes. Étant donné que les oscillations du balancier sont basées sur les lois de la gravité, autrement dit qu'elles dépendent de l'attraction terrestre, l'attraction au niveau de l'équateur et des hautes montagnes doit nécessairement être moindre, puisque les oscillations du balancier y sont plus lentes, et on en a conclu que le tendance centrifuge causée par la rotation de la terre sur son axe réduisait la gravité, et par conséquent ralentissait le mouvement du balancier. Mais cette conclusion n'est pas non plus infaillible, car nous pouvons tout aussi bien supposer que l'attraction de la terre diminue avec l'augmentation de la distance par rapport à son centre, qui est aussi le centre d'attraction ; et c'est une hypothèse acceptée par bon nombre de physiciens.

Et si le ralentissement des oscillations du pendule aux latitudes équatoriales et sur les hautes montagnes avait une cause contraire à celle jusqu'ici acceptée ? Et si l'attraction n'était pas diminuée par la distance vis-à-vis du centre de la terre, pas plus que par la tendance centrifuge, mais qu'une attraction plus forte était la cause du ralentissement des oscillations du pendule, en raison de l'augmentation du poids du balancier du pendule ?

En effet, il est un fait qui semble inconnu de bien des philosophes, bien que connu de la plupart des vieux maîtres d'école de nos villages, c'est que les mouvements plus rapides ou plus lents du pendule ne dépendent pas exclusivement de la longueur du balancier mais aussi de son poids. On pourrait peut-être penser que la vitesse des oscillations du pendule dépend exclusivement du poids du balancier, car lorsqu'on allonge le pendule, cela fait travailler le poids sur un levier plus long, et cela augmente donc son poids. De ce fait, je peux donc obtenir le même résultat en augmentant le poids du balancier au lieu d'allonger la tige du pendule. L'horloge du village va trop vite, et le maître d'école attache une pierre ou une pièce en fer au balancier pour ralentir l'oscillation du pendule. Laugier a fait des observations extrêmement précises sur ce point. Il a découvert qu'avec un seul et même pendule, pour faire 2 000 oscillations avec un balancier de 2 kilogrammes, il fallait 1 977 secondes ; avec un balancier de 4 kilogrammes, il fallait 201 055 secondes ; avec un balancier de 6 kilogrammes, 202 004 secondes ; avec un balancier de 8 kilogrammes, 202 704 secondes, le nombre d'oscillations étant le même dans chaque cas.Par conséquent, plus le poids du balancier est important, plus l'oscillation du pendule est lente. Les déductions de ces observations réalisées avec le plus grand soin, et publiées dans « Comptes rendus de l'académie française » (t. XXI. , pp..117-124) sont les suivantes : (1) les lois de Galilée concernant les oscillations du pendule ne sont pas tout à fait exactes ; (2) la diminution de l'attraction terrestre au niveau de l'équateur, déduite à partir de la diminution de la vitesse du pendule, est probablement fausse ; (3) les lois de la chute des corps, jusqu'ici universellement acceptées[2], sont également probablement inexactes ; (4) en général, les calculs des lois physiques ne sont pas dignes de confiance, puisque seule l'expérience permet de décider.

Nous avons vu (des deux dernières réflexions mentionnées avancées pour prouver la rotation de la terre sur son axe) que l'influence de cette rotation est supposée agir comme une tendance centrifuge causée par cette rotation. Les courants océaniques et atmosphériques étaient aussi considérés comme résultant de cette tendance centrifuge. En effet, il est difficile de comprendre comment il est possible que l'air (ce corps si léger, mû par les courants les plus divers, cherchant l'expansion, et si lâche et volatile) puisse ne pas être affectée par la rotation de la terre. Après que les plus grands philosophes aient postulés une influence de la rotation de la terre sur les masses solides qui la composent, Il n'est sûrement pas trop présomptueux de ma part de supposer que la rotation terrestre doit nécessairement avoir une influence sur l'air !

Tel que je le conçois, il n'est pas possible que l'air plus léger des régions d'altitude puisse suivre le globe terrestre quand celui-ci tourne avec une rapidité considérable. La terre, tournant vers l'est,

_____
2

devrait causer un courant d'air vers l'ouest. Si l'univers dans lequel la terre tourne avec sa ceinture d'air était parfaitement vide, nous pourrions peut être, je dis bien peut-être, accepter l'idée d'une rotation de la terre sans influence sur la ceinture d'air, mais la nature même de l'air contredit l'idée d'un tel état de vide. D'après ce que nous savons, l'ai possède une certaine tendance à l'expansion qui est partiellement neutralisée par les lois de la gravité. Si l'air extrêmement léger n'avait pas trouvé un corps dans l'univers pour préserver son équilibre, il s'étendrait encore, les couches d'air s'ensuivraient, et finalement tout l'air prendrait sa part dans cette expansion et se disperserait dans l'univers, exactement comme nous pouvons reproduire ce phénomène avec une pompe à air. Il doit donc exister une matière qui préserve l'équilibre des couches d'air extérieures, une matière que, selon l'usage universel, nous appellerons éther ; et il en résulte donc que l'air ne peut s'échapper dans l'espace infini, chaque couche doit faire pression sur la couche inférieure suivante, et cette augmentation graduelle de la pression est causée par la plus forte densité des couches d'air proches de nous.

Mais si l'éther existe (son l'existence semble également être confirmée par les météorites), alors avec la rotation de la terre les effets biens connus qui surviennent avec la résistance d'un courant d'air en mouvement doivent apparaître dans les couches d'air. Si maintenant nous mettons la terre en mouvement, la couche d'air extérieure restera en arrière, à cause de l'opposition de l'éther (à condition que la ceinture d'air entière soit forcée, par l'attraction, de prendre part à la rotation), et semblera se déplacer dans la direction opposée. Si cela se produisait, la couche d'air extérieure exercerait une pression sur la couche d'air inférieure suivante, qui irait dans le sens contraire de la rotation de la terre, et de ce fait, le courant contraire augmenterait graduellement jusqu'à un point où finalement la ceinture d'air entière, ainsi que toute l'eau du globe, tournerait vers l'est.

Même à supposer qu'il n'y ait pas d'éther et que son existence se classe parmi les innombrables rêveries de l'homme tentant d'expliquer l'univers, sans être capable d'appliquer dans ses recherches une autre mesure que celle de notre état terrestre, je devrais encore déclarer que l'air ne participe pas à la rotation de la terre.

Comment est-ce que nos philosophes expliquent que nous n'ayons rien remarqué de la supposée rotation de la terre ? pourquoi tout n'est pas sans dessus-dessous du fait de cette rotation ? Ils expliquent cela par les lois de communication des mouvements. Très bien ! Je vais encore retourner leurs armes contre eux. Un mouvement peut être communiqué à des corps solides ; mais un tel mouvement, cependant, s'il n'a pas de connexions entre leurs parties, ne peut être communiqué que lorsqu'ils sont enfermés dans un corps solide ! Mais nous ne connaissons pas de corps dont les parties ont moins de connexions entre elles que l'air. La couche d'air autour de la terre, réellement entraînée par le mouvement communiqué, ne peut donc pas communiquer son mouvement aux couches adjacentes, pour la simple raison qu'il n'y a pas de connexions entre elles. Ces couches supérieures doivent donc rester à leur place, ou (ce qui signifie la même chose) voler apparemment vers l'ouest à la même vitesse que la terre est supposée tourner vers l'est. Maintenant, puisqu'un point de l'équateur (si la terre tourne sur son axe en un jour) doit se déplacer vers l'est à la vitesse de 1 250 pieds par seconde, l'air devrait se déplacer de manière similaire de 1 250 pieds vers l'ouest en une seconde, ce qui correspondrait à plus de dix fois la vitesse du plus terrible des ouragans.

Je ne suis cependant par le premier à avoir songé à la nécessité de ce courant d'air vers l'ouest. Tous les philosophes actuels admettent cette nécessité, mais sont incapables de trouver des preuves de son existence. Les alizés qui pendant un certain temps ont été considérés comme résultant de la rotation de la terre, manquent trop de cette régularité autrefois tant vantée et, comme tous les autres vents, ils sont évidemment causés par les différences de température dans les différentes régions de la surface terrestre. Voyez comment la ceinture d'air de notre globe produit des courants plus ou moins forts dans toutes les directions, que nous appelons vents ou tempêtes ; voyez ces vents contraires les uns par rapport aux autres et demandez-vous comment, s'ils obéissent au double mouvement de la terre, sur elle-même et autour du soleil, il serait possible avec de tels courants que notre ceinture d'air suive d'une manière ou d'une autre bien sagement notre globe !

Nous ne pouvons en aucun cas percevoir la rotation de la terre. Nous ne pouvons pas la démontrer ! Il n'y a aucun courant d'air qui puisse être considéré, à juste titre ou même seulement à titre de supposition, comme une conséquence de cette rotation. Ces faits devraient être une preuve suffisante de l'inexistence de la rotation de la terre. En effet, nous n'avons aucune expérience, comme je l'ai indiqué au début, permettant de prouver une telle rotation. Cela ne devrait-il pas nous paraître absurde, à nous qui nous préoccupons de ce que nous enseignons à l'école, d'accepter une théorie de la rotation de la terre qui n'a jamais été et ne peut être prouvée ? Devons-nous, face la volonté des savants du monde entier, depuis Copernic et Kepler, nous contenter d'accepter la théorie de la rotation de la terre et chercher ensuite, ce que nous faisons depuis près de trois siècle et demi, des arguments pour la maintenir, mais, bien sûr, sans être capables d'en trouver un seul ?

Il me sera facile de vous prouver l'impossibilité d'une orbite terrestre autour du soleil.

Je vais vous fournir une contre-preuve oculaire. Dans la théorie de la révolution de la terre autour du soleil, l'affirmation qu'elle maintient sa course par la force d'attraction du soleil est contredite par les lois de la gravité que nous connaissons ; en effet, la direction de la gravité sur chaque corps doit être perpendiculaire au point où s'exerce la gravité d'un corps plus grand. Dans le cas d'une petite particule de poussière sur un mur lisse, la direction de la gravité doit s'appliquer vers le mur, sinon la poussière tomberait. De la même manière, la direction de la gravité sur notre terre doit être constamment vers le soleil, selon la supposition qu'il y a une attraction de cet astre qui agit sur elle. Ce n'est pourtant pas le cas, puisque si la terre bouge sur une orbite autour du soleil, la direction de la gravité doit nécessairement changer à chaque moment.[3] Pour le prouver, jetons un coup d'œil sur

_____

3Selon la théorie de Newton, chaque molécule de la masse terrestre attire et est attirée par chaque molécule de la masse solaire. Donc la terre et le soleil devraient toujours se présenter la même face, comme si un réseau de fils tendus reliait toutes leurs molécules. Mais en contradiction avec cela, la théorie copernicienne considère que la terre accomplit une rotation quotidienne sur son axe, et surmonte donc constamment la force de gravitation entre les molécules la théorie actuelle de la révolution annuelle de la terre autour du soleil telle qu'elle est donnée dans tous les ouvrages que je connais qui traitent du sujet.

Pour expliquer les changements de saisons, ou autrement dit, l'écliptique du soleil, il est nécessaire d'admettre que l'axe de la terre a une inclinaison de 23° dans la direction du plan de l'orbite terrestre, et qu'il conserve toujours la même inclinaison durant sa révolution complète autour

---

du soleil et le la terre.

Et qu'est-ce qui provoque cette rotation axiale ? Les astronomes et les philosophes auront quelques difficultés à nommer une force assez puissante pour initier, puis maintenir jusqu'à présent, la rotation axiale d'une masse de molécules qui doit continuellement surmonter l'attraction gravitationnelle de chacune de ses molécules en direction du soleil. Dans le cas de la terre et de la lune, où une force d'attraction est à l'évidence la force qui maintien la lune en orbite, cette contradiction n'existe pas comme le remarque le Dr. Schoepffer, la lune présente toujours la même face en direction de la terre comme si toutes les molécules de sa masse étaient fixées à la terre par des cordes invisibles. Il est un fait remarquable que, pour Mercure et Vénus, dont la révolution autour du soleil est affaire d'une démonstration télescopique oculaire, il en va de même que pour la lune. Le jeune astronome américain Lowell, a, au cours des dernières années, confirmé les conclusions de l'astronome italien Schiaparelli, qui dit depuis douze ans, que les hémisphères de vénus et mercure connaissent pour l'un un jour perpetuel et pour l'autre une nuit perpétuelle.

[F. A.]

du soleil, ou qu'il reste parallèle à lui-même en chaque point de sa course. Matérialisons cette théorie en prenant une chandelle pour représenter le soleil, et maintenant déplaçons un globe autour d'elle
comme la terre doit se déplacer autour du soleil, comme la terre évoluerait autour du soleil pour rendre possibles les changements de saisons.

L'axe de la terre (Fig. I, A voir page 4) n'est ni tourné vers le soleil ni en direction opposée au soleil en mars. L'équateur terrestre tourne alors directement sous le soleil, qui apparaît dans l'équateur céleste. Il brille alors d'un pôle à l'autre, et un méridien dans chaque partie définie les limites de l'illumination. Par conséquent, le jour et le nuit sont égaux partout, tandis que chaque lieu tourne douze heures au soleil sur l'arc diurne de son cercle parallèle, et douze heures sans lumière du soleil sur l'arc nocturne de son cercle parallèle.de son cercle parallèle. L'équateur est en été, l'hémisphère nord au printemps, le sud en automne. De mars à juin le pôle nord de l'axe incliné de la terre se tourne graduellement vers le soleil. Tout l'hémisphère nord entier penche vers lui jusqu'au 21 juin, (fig. I, W) qui est le jour le plus long pour l'hémisphère nord, quand le soleil est directement au dessus du tropique du Cancer. L'hémisphère nord est en été, le sud en hiver.

De juin à septembre, l'axe reprend un position telle que aucun des hémisphères n'est tourné vers le soleil ni en direction opposée au soleil, si bien que la terre est illuminé le 23 septembre (Fig. I, B), comme elle l'est le 21 mars. Le soleil est positionné à nouveau au dessus de l'équateur, qui est pour la seconde fois en été, tandis que l'automne commence à nouveau dans l'hémisphère nord, et le printemps dans l'hémisphère sud.

De septembre à décembre, l'axe de la terre tourne son pôle sud de plus en plus au soleil, qui par conséquent se trouve directement au dessus du tropique du Capricorne le 21 décembre. Puis une illumination se produit exactement à l'opposé de celle du 21 juin. Le pôle sud est illuminé et le pôle nord connaît sa longue nuit. L'hémisphère nord a son hiver et le sud son été. De décembre à mars l'axe de la terre revient à sa position initiale.

Pour les lecteurs de cette conférence, un diagramme est ajouté p.4. Au centre, au point S, nous avons le soleil. Le cercle en pointillés représente l'orbite terrestre, et les flèches indiquent la direction de la révolution de la terre. Nous voyons la terre dans ses différentes positions, en A, W, B, O.

W représente également l'ouest, O la direction est, tandis que les flèches à l'intérieur des sphères indiquent la rotation quotidienne de la rotation de la terre d'ouest en est. Pour les lignes qui croisent les globes, aa représente l'équateur, kk le tropique nord, ss le tropique sud et ns l'axe de la terre.

En A on voit la terre le 21 mars : son axe est tourné ni vers le soleil, ni dans une direction opposée au soleil ; sa moitié tournée vers le soleil est illuminée du pôle nord au pôle sud. En W on voit la position de la terre le 21 juin ; le pôle nord est tourné vers le soleil, le pôle sud en direction opposée au soleil ; le pôle nord est entièrement à la lumière du soleil, le pôle sud est entièrement dans les ténèbres. B montre la position de la terre le 22 septembre : on la voit dans la semi obscurité, du pôle nord au pôle sud qui est tourné en direction opposée au soleil. O représente la position de la terre le 21 décembre : le pôle sud est tourné vers le soleil, le pôle nord dans la direction opposée. On voit comment l'axe de la terre reste toujours dans la même direction, il reste parallèle à lui même, et ce n'est que de cette façon que l'on peut expliquer les saisons si l'on suppose que la terre tourne autour du soleil en un an.

Jusqu'à présent la théorie moderne est juste. Mais j'en viens maintenant à un point incompréhensible, un point qui est toujours laissé de côté, comme je l'ai dit au début. à chaque fois que j'ai expliqué la révolution de la terre autour du soleil en enseignant la géographie ou la physique, ce point m'a toujours paru très étrange,.

Comme il est impossible d'admettre que la terre tourne autour du soleil en un an, alors que dans le même temps tout au long de cette orbite le soleil tourne quotidiennement autour de la terre, nous sommes donc obligés de supposer, afin d'expliquer l'alternance du jour et de la nuit, que durant sa révolution autour du soleil, la terre tourne également quotidiennement sur son axe, d'ouest en est. Ces deux révolutions, cependant, ne peuvent se combiner d'aucune façon.

Du 21 juin au 22 septembre, on peut penser que les deux types de mouvements sont combinés (Fig. I, IV à B), mais du 22 septembre jusqu'au 21 juin, la combinaison des deux mouvements devient totalement absurde, parce que la terre devrait tourner quotidiennement en direction de l'est, et pourtant dans le même temps avancer dans une direction différente ! Mais chaque corps en rotation qui change de place reçoit la direction de son mouvement de cette rotation même, et vice versa, la direction de sa rotation vient de la direction de son mouvement. Si la terre tourne vers l'est, elle doit aussi se déplacer vers l'est. Si dans le même temps une autre force agit et lui impose un autre mouvement, peut être vers l'ouest, alors la plus forte des deux forces doit neutraliser l'autre...

Si l'on compare entre elles les deux moitiés de la supposée orbite terrestre autour du soleil (c-à-d., la moitié le l'orbite depuis ff à travers BO, avec la moitié de l'orbite partant de O à travers A jusqu'à IV), nous voyons que de W à O, la direction de la rotation s'harmonise plus ou moins avec la direction du mouvement, tandis que de O à W, la direction de la rotation est absolument contraire à la direction du mouvement. Cela peut s'observer en plaçant un globe en rotation autour d'une lumière, comme sur la Fig. I.Pour expliquer ce point frappant, nous devons supposer que la direction de la gravité est en perpétuel changement durant la période de rotation de la terre autour du soleil, chose qui est réellement trop étrange, et qui ne s'harmonise pas avec le fait que nous sommes obligés de supposer que la direction de la gravité est vers le soleil, puisque le soleil est considéré comme le corps qui garde la terre dans sa course. La figure 2 explique ce point. La sphère E, comme les flèches l'indiquent, doit constamment tourner vers O, et exécuter d'abord son mouvement de a vers b, puis de nouveau de d en c. Par conséquent, elle doit nécessairement dans sa course vers O avoir la direction de sa gravité dans la ligne ali, tandis que dans sa course jusqu'à IV la direction de sa gravité est dans la ligne cd, et donc d'abord vers le bas, puis vers le haut. Il est vrai qu'il n'y a pas de haut et de bas dans l'univers mais le problème reste le même. Nous reviendrons plus loin sur le fait que ce changement constant de direction de la gravité terrestre contredit toute notre expérience.

Selon l'opinion qui prévaut actuellement, la terre est maintenue dans sa course par la force d'attraction du soleil. Mais soit cette supposition contredit le double mouvement supposé de la terre, soit nous devons postuler que les lois physiques se contredisent et avec elles toutes nos expériences. Car il est hors de question de supposer un double mouvement de la terre, sur elle-même et autour du soleil, qui soit en harmonie avec les changements de saisons et les changements du jour et de la nuit, et dans lequel en même temps, la direction de la gravité tend invariablement vers le soleil, ce qui doit nécessairement être le cas si la terre conserve sa course en raison de l'attraction du soleil.

Les théoriciens présument que deux forces sont opérantes dans chaque mouvement circulaire.

Si, par exemple, on attache une balle à un fil et on la fait tourner en cercle, le fil est toujours tendu, une force tend à éloigner la balle du centre en ligne droite, et l'on appelle pour cette raison force centrifuge ou force volante ; tandis que l'autre, qui est représentée par le fil, tire toujours la balle vers le centre,

et par conséquent on l'appelle force centripète. Ces deux forces agissant de concert, la balle ne peut suivre aucune des lignes qui lui est dictée par l'une des deux forces, et prend toujours une direction en diagonale ; et la composition de ces innombrables petites diagonales donne le mouvement orbital.

La terre est immobile

Si l'on regarde maintenant ce mouvement circulaire de plus près, on constate que c'est un mouvement simple. Le point où le fil est accroché (et où donc la force centripète venant de mes mains est à l'œuvre) est toujours dirigée vers le centre du mouvement, à savoir, la main. S'il devait y avoir un autre mouvement autour d'un axe, le pôle de cet axe devrait se situer au point de suspension, et rester toujours dans la direction de la main. Mais ce qui est valable pour un corps, doit, dans les mêmes circonstances, l'être pour tous les autres corps.

Le seul objet céleste assez près de nous pour être observé avec précision est la lune, et nous la voyons accomplir sa révolution autour de la terre dans les mêmes conditions que la balle dans notre exemple. Prenons maintenant, la lune à la place de la balle, la terre à la place de la main, et l'attraction terrestre à la place du fil, qui, bien qu'invisibe, fonctionne de la même manière que le fil.

Nous voyons alors pourquoi, en effet, la lune tourne toujours la même face vers la terre, car un changement de direction de la gravité, est rendu impossible par la force d'attraction de la terre. Pourquoi ne continuerions nous pas à tirer nos conclusions de la lune, puisqu'elle est si proche de la terre ? Si la terre tourne autour du soleil, et est maintenue dans sa course par l'attraction du soleil, alors en raison de l'action constante de cette attraction, telle que nous devons l'accepter avec le système de Copernic, une rotation de la terre sur son axe doit être impossible comme c'est le cas pour la lune. Il devrait donc y avoir une moitié de la terre toujours illuminée par le soleil, et l'autre moitié toujours dans le noir. C'est encore contraire à la vérité.Par conséquent, la rotation simultanée de la terre sur son axe et sa révolution autour du soleil, comme jusqu'ici supposée, est impossible.

Maintenant nous devrions, peut être, supposer que la terre est au centre, tournant en vingt-quatre heures sur elle-même, tandis que le soleil fait annuellement un cercle autour d'elle appelé l'écliptique.Une telle organisation semblerait être une probabilité. Pourtant il n'y a aucune raison pour pencher vers cette hypothèse, tant qu'il ne sera pas possible de prouver la rotation de la terre sur son axe. Et pourtant, comme nous l'avons vu, il est plus que facile de démontrer le contraire.

Je prouve ce contraire principalement au moyen de l'absence d'un courant d'air constant d'est en ouest. Pour les mêmes raisons, si la terre tournait autour du soleil, la ceinture d'air resterait en arrière à l'opposé du sens de la course, et l'air suivrait la terre comme une longue queue, comme on le voit avec les comètes. Peu importe de quoi se compose la queue d'une comète, nous devons la considérer comme l'atmosphère de ces corps énigmatiques ; et leur atmosphère doit rester en arrière, comme une queue, alors qu'ils se déplacent dans l'univers. Finalement, reprenons une fois de plus l'examen de l'attraction, afin de prouver que la combinaison de la rotation de la terre sur son axe et sa révolution autour du soleil est impossible. Quand nous avons parlé de la théorie maintenant acceptée de la révolution de la terre, nous avons démontrer que, selon elle, la direction de la gravité sur la terre devrait changer à chaque instant. Là encore, pour que le soleil garde notre terre dans sa course, la direction de la gravité devrait s'appliquer à chaque fois au point de la surface de la terre le plus proche du soleil, et sur lequel donc, la force centripète du soleil agit directement.

Vers ce point, donc, la gravité de la terre doit nécessairement faire pression (tout comme le centre de gravitation de la lune se situe nécessairement au centre du côté qui nous fait constamment face),

et tous les corps étrangers seraient inévitablement précipités vers elle. Mais selon nos observations, il en va autrement. Le centre de gravité de la terre est évidemment en son centre, et dépend donc de sa propre masse, sans qu'aucune force extérieure comme l'attraction du soleil n'influe sur elle. N'est ce pas là un argument convaincant : premièrement, que la terre n'est pas maintenue dans sa course par une attraction du soleil, parce que cette puissante attraction ne peut avoir lieu sans changer le centre de gravité de la terre ; et deuxièmement que, puisque le centre de la terre, vierge de toute influence extérieure, est en même est son centre de gravité, à ce titre ce centre de gravité doit être accepté comme étant le centre de toute la création visible ?

Je ne nie absolument pas que le soleil, ou même la lune, exerce une certaine force d'attraction sur la terre ; mais je crois pouvoir affirmer avec confiance que cette force d'attraction est trop insignifiante pour exercer une influence sur la partie rigide de notre terre, mais que son effet se limite aux corps liquides, et à l'air principalement. Maintenant, étant donné que la force d'attraction du soleil est si négligeable qu'elle ne peut influencer que les corps liquides, et ce toujours d'une façon insignifiante, il est évident qu'elle est beaucoup trop faible pour maintenir la terre dans une course circulaire, si elle agit comme une force centripète. L'immense force d'attraction qui serait nécessaire pour garder la terre dans sa course autour du soleil, aurait depuis longtemps de manière similaire éloignée l'atmosphère de la terre vers le soleil, et d'autre part, la terre aurait vite attiré toute atmosphère formée sur la lune[4].

Considérons maintenant quelles révolutions dans le royaume total de l'astronomie, seraient crée en

---

4Les astronomes ont depuis longtemps reconnu que la lune est dépourvue d'une atmosphère.

acceptant mon hypothèse que la terre reste immobile au centre de l'univers. Bien que radicales, de telles révolutions sont encore insignifiantes en comparaison. Elles consistent simplement à accepter comme réel le mouvement apparent des corps célestes là qui est, jusqu'à présent, considérés comme fictifs. Cela a été fait par Tycho de Brahe qui, selon moi, était le plus grand de tous les astronomes. Il a affirmé que la terre restait immobile au centre du monde, les cieux entiers tournant autour d'elle en vingt-quatre heures, et que la lune, ainsi que le soleil, par le biais de leur propre mouvement, décrivent des cercles séparés autour de la terre, tout comme Mercure et les autres planètes décrivaient des épicycles.

Par conséquent, les points matériels en astronomie ne sont pas altérés, puisqu'ils restent les mêmes avec des calculs différents, que nous expliquons les changements locaux des étoiles par la rotation de la terre, ou par une rotation du ciel étoilé. Mais de nombreuses théories immatérielles se réduisent à des rêves.

En premier lieu nous devons abandonner l'opinion que les soi-disant étoiles fixes sont des soleils,

de même que les soi-disant corps planétaires sont comme notre terre ; car les calculs au moyen desquels la masse et la taille des corps célestes sont censées être déterminées sont erronés, puisque basés sur des principes erronés. Par exemple, le poids du soleil a été calculé au moyen de la force d'attraction qu'il exerce, pensait-on, sur les planètes. Si maintenant, le soleil n'est plus l'étoile dirigeante, mais qu'il est contraint par la force d'attraction de la terre, de tourner autour de cette dernière, alors naturellement ces calculs doivent être erronés.

En outre, ils partent d'un principe erroné dans le calcul de la taille des corps célestes. C'est un phénomène connu que plus les corps sont éloignés, plus ils ont l'air petit depuis notre globe. Un objet distant de 5 000 fois son propre diamètre ne peut plus être vu par l'œil humain. La taille des corps célestes a été calculée selon cette loi. A partir de leur taille apparente et de leur distance, il a été calculé combien de fois leur taille réelle doit dépasser leur taille apparente. Mais une chose a été oubliée, à savoir, la loi selon laquelle les objets apparaissent plus petits en proportion de leur distance ne s'appliquer à des corps brillants. Plus la lumière de ce corps brillant est forte, plus il peut être observé dans une taille inchangée. J'ai indiqué qu'un corps devient invisible si la distance atteint 5 000 fois son diamètre. Si cette loi vaut aussi pour les corps brillants, alors une lumière d'un diamètre d'un pouce ne peut plus être distinguée à une distance de 225 pas. Mais en fait elle peut être observée, avec une taille inchangée, à une distance de plusieurs milliers de pas !

L'éclat du soleil étant très intense, il doit être également visible dans sa taille réelle à une distance immense, et il est très possible qu'il ne soit pas plus grand qu'il ne paraît à nos yeux ! En outre, il n'est pas seulement possible, mais très probable, que la loi selon laquelle plus les corps

sont éloignés plus ils paraissent petits, ne soit valable que dans notre atmosphère dense. Si, au cours d'une nuit froide et claire, les vapeurs de l'air sont précipitées, puis le soleil se lève et éclaire l'air, exempt de vapeurs, nous voyons alors des montagnes, des régions, des lieux (qu'à d'autres moments nous voyons seulement dans les lointains bleutés) tellement magnifiés, qu'ils semblent plus proches et que nous sommes capable de les distinguer clairement. Les lois de la réfraction sont visiblement altérées. Que faire si elles ne peuvent être appliquées à l'éther, ou devrions nous préférer postuler, qu'à la place de l'éther, l'espace soit vide ? Je le sais par expérience : la doctrine des angles de vue n'est pas tout à fait exacte, mais la plus ou moins grande pureté de l'atmosphère doit être prise en considération.

Les calculs qui ont été basés sur les éclipses de lune, je ne peux les accepter comme corrects

tant qu'il ne m'aura pas été démontré que les lois de la réfraction de la lumière s'appliquent dans l'espace. En se référent aux étoiles fixes, il n'est pas impossible que les calculs faites soient faux.

Par ailleurs, tous les calculs de distances sont réduits à néant dés qu'on considère la terre comme étant stationnaire. Selon les théories actuelles, le 21 décembre, la terre se trouve à 40 000 000 miles du points où elle se trouve le 21 juin, tandis qu'une étoile que vous aurez observé le 21 décembre à travers un télescope, vous la verrez à travers le même télescope le 21 juin, culminer au même endroit du firmament ! Cette distance de 40 000 000 de miles ne serait conséquent rien par rapport à la distance de l'étoile observée. Mais ce calcul de distance devient vide dès que l'on revient à la croyance de la stabilité de la terre.

Permettez moi, messieurs, d'attirer votre attention sur une autre contradiction qui devrait depuis bien longtemps avoir prouvé la fausseté des calculs astronomiques. En calculant la supposée force d'attraction exercée par le soleil, il a été démontré qu'un corps ayant une pression d'une livre sur notre terre aurait une pression de 27 livres sur le soleil. Si tous les corps sur le soleil subissent un poids tellement plus grand que sur la terre, toute la masse du soleil doit être comprimée avec une force incommensurable, et doit être composée de matière beaucoup plus dense. Et pourtant, en comparant le poids calculé du soleil par rapport à son volume calculé, on en a conclu que la matière du soleil était quatre fois moins dense que la matière composant la terre ! De ce fait, les corps sur le soleil sont 27 fois plus lourds qu'ils ne le seraient sur terre, alors que ce poids présente 108 fois moins d'énergie que sur la terre, étant donné que la densité du soleil représente un quart de la densité de la terre ! C'est quelque chose que je n'arrive pas à comprendre. Je ne peux que considérer ces chiffres comme étant le résultat de calculs basés sur des faux principes. Je dois aussi nier le fait que les planètes ont une atmosphère. Un corps céleste, qui se déplace à une vitesse extrême à travers l'espace, ne peut pas avoir une atmosphère similaire à celle que nous avons sur terre. La lune, que nous connaissons très bien, nous fournit là encore la réponse, ou plutôt confirme ce que j'ai déduit des lois générales de la nature : la lune n'a pas d'atmosphère. Pas plus que ne peuvent en avoir les autres étoiles ; et les observations qui démontrent l'existence d'atmosphères sont surement basées sur une erreur. Pour faire des observations de ce type avec un degré de précision nous aurions dû d'abord nous élever au dessus de notre atmosphère, et construire notre observatoire au moins au sommet du Dhawalagiri.

De plus, les surfaces du soleil, de la lune et des planètes ne ressemblent en rien à celle de la terre, mais consistent en des matières étroitement combinées ensemble, comme nous le voyons avec les météorites qui tombent aujourd'hui sur terre. Les matières libres, terre et roches à leur surface, seraient attirées par la force d'attraction de la terre, et entrainées vers elle. L'hypothèse de l'habitabilité des ces corps doit être renvoyée au royaume des rêves, en raison des diverses raisons invoquées.

Comment nous sommes parvenus à développer les théories astronomiques actuelles est maintenant clairement démontré. Nous avons naturellement supposé que le Créateur devait avoir placer les étoiles à une distance considérable afin d'éclairer de très larges portions de la sphère terrestre en même temps. L'homme a calculé les distances des étoiles les plus importantes pour nous, il a calculé la taille des étoiles à partir de ces distances au moyen de lois de réduction mal appliquées il s'est étonné devant ces tailles, et a été contraint de considérer les innombrables étoiles fixes comme autant de soleils, et la terre comme une partie infime de l'univers. Une conséquence logique fut qui lui semblait contraire à la raison de considérer ces majestueux corps célestes comme tournant autour de la terre, et comme devant à l'évidence remercier la terre pour leur existence. Et donc l'homme en est arrivé à la conclusion que la terre doit être ce corps tournant sur lui-même et autour du soleil. Et il a continué à bâtir sur cette conclusion, à relier des calculs corrects à des rêves fantastiques.

Je termine ma conférence, mais il me serait très facile de souligner les nombreuses autres contradictions que l'on trouve dans les suppositions actuelles.

Je souhaite qu'un astronome, équipé des savoirs les plus parfaits et des instruments les plus modernes, continuera de développer le système de Tycho de Brahe. Le résultat final serait certainement grandiose, et beaucoup de choses obscures d'après le système copernicien, apparaitraient de façon simple et claire, et contrediraient toutes les lois de la nature que nous connaissons. Bandes, astronome estimé, avait déjà dit du système de Tycho : « Ce système semble contenir plus de vérités en lui même que l'inverse, grâce à lui, le moindre phénomène peut être démontré très facilement. » Il veut dire toutefois que ce système contredit les lois de l'attraction. Cependant, je crois avoir balayé cette objection et avoir clairement montré que le système copernicien lui-même est en opposition directe avec les lois de l'attraction.

Ce n'était pas dans l'intention de l'auteur de présenter une théorie complète dans cette conférence. Il confesse son incapacité à le faire, son désir étant seulement de donner une impulsion pour de nouvelles investigations. Mais il pense être en droit d'espérer que des astronomes lui épargneront au moins leur froide arrogance et qu'ils continueront à construire sur la base donnée. Pour un tel savant sincère, j'ajoute ici quelques données aux nombre conséquent d'informations qui ont été négligemment ignorées.

1.

La forme de nos continents contredit l'hypothèse de la rotation de la terre. S'il y avait une telle rotation, ces formations auraient du se former dans la direction principale, d'est en ouest ; alors qu'en réalité, nous trouvons un développement longitudinal du nord au sud. Là encore, seules les grandes latitudes du nord pointent vers la force d'attraction du pôle (magnétique) nord, les points en directions sud indiquant la force répulsive du pôle (magnétique) sud.

2.

Le fait qu'il n'y a pas d'étoiles fixes en soi a été démontré par le mouvement orbital particulier que ces étoiles fixes ont en plus de leur course quotidienne par rapport à la terre. Les astronomes ont par conséquent cherché en vain un corps central, dont l'attraction peut garder ces étoiles dans leur course. Mais il doit y avoir un tel corps central, et ce doit être notre terre. Il en résulte également que, correspondant aux plus grandes formations continentales de l'hémisphère nord, c'est dans la partie nord du ciel que l'on trouve le plus grand nombre d'étoiles.

3.

Des changements variés ont été observés dans de nombreuses étoiles fixes, en particulier des changements de couleur et d'intensité lumineuse (une arrivée soudaine, et un départ aussi soudain de simples étoiles), ce qui ne cadre pas harmonieusement avec la supposition qu'il existe de tels corps si vastes et indépendants, contrairement à ce qu'on a cru jusqu'ici.

4.

L'uniformité des parties de toutes les météorites, c-à-d., des corps célestes attirés sur terre par son attraction nous permet de conclure sur la nature des corps célestes en général, et de démontrer qu'ils ne sont pas habitables. La plus grande météorite que nous connaissons a un diamètre de 7 à 7% pieds.

5.

Selon les calculs précis de Wilhelm Mahlmann, il y un courant d'air ouest-sud ouest, qui prévaut dans les latitudes moyennes des zones tempérées ; Il y a donc après tout, un vent d'ouest dominant, alors qu'un vent d'est devrait prévaloir, d'après la théorie de la rotation de la terre.

6.

Comme mon prochain traité va apporter la preuve que la version mosaïque de la création est en harmonie avec la vérité, et que la seule objection qui m'a été faite jusqu'à présent concerne une fois la rotation de la terre que tous les savants soi-disant acceptent je cite donc ici en conclusion quelques mots de Goethe. Ce poète, dont les visions prophétiques sur la nature sont restées complètement méconnues de son vivant, dit :

« Quoi qu'il en soit, il doit être prévu que je maudisse l'exécrable débarras de cette conception moderne ; et certainement quelque jeune et ingénieux homme surgira pour s'opposer à cette folle absurdité universelle. L'assurance répétée qu'ont eu tous les philosophes de la nature en cette même conviction est la chose la plus outrageante que vous pouvez entendre. Cependant, celui qui connait les hommes sait comment cela se passe. Des esprits bons, capables, et intelligents inventent de telles opinions sur la base de probabilités ; ils rassemblent des prosélytes et des disciples, une telle masse gagne en puissance littéraire ; elle magnifie l'opinion, l'exagère, et la transporte avec une certaine excitation passionnée ; des centaines et des centaines de gens normaux et bien pensants, qui sont actifs dans d'autres branches et qui souhaitent également avoir un cadre de travail stimulant, être honorés et respectés, que peuvent ils faire de mieux et de plus avisé que de donner ces vastes portées, et de consentir à ce qui ne les regarde pas ? Et on appelle cela alors un accord général de savants ! »

Donnez votre avis !

Merci d'avoir lu ce livre. S'il vous a intéressé, pouvez-vous lui mettre un commentaire sur le site où vous l'avez acheté ?

Votre avis aidera les lecteurs qui sont intéressés, mais qui se demandent si sa lecture en vaut la peine, à se décider. Cela vous prendra quelques minutes, pas davantage, et vous nous aiderez ainsi à vous préparer d'autres livres de qualité. Votre avis est important

Merci d'avoir lu ce livre. S'il vous a intéressé, pouvez-vous lui mettre un commentaire sur le site où vous l'avez acheté ?

Votre avis aidera les lecteurs qui sont intéressés, mais qui se demandent si sa lecture en vaut la peine, à se décider. Cela vous prendra quelques minutes, pas davantage, et vous m'aiderez ainsi à vous préparer d'autres livres surprenants.

D'avance, merci.

Lucia Canovi

Catalogue
des éditions lucia-canovi.com

LIBERTÉ ● VÉRITÉ ● CLARTÉ
Des mots qui aident, guident, réconfortent,
encouragent, éclairent, élèvent ou libèrent...

Nos livres sont disponibles aux formats pdf, .mobi et epub.
et nos programmes audios, au format mp3
En vente sur les sites lucia-canovi.com, amazon, kobo, etc.

Programmes audios à base d'offirmations – ce n'est PAS une faute d'orthographe !
Les offirmations sont des questions en « pourquoi » et en « nous » inspirées d'Émile Coué et de Noah Saint-John, questions qui permettent, quand on les écoute régulièrement, de programmer son cerveau pour atteindre n'importe quel objectif et réaliser ses rêves.

Écoutez tous les jours *100 % confiance en soi* et au bout de 30 jours, vous aurez une inébranlable confiance en vous-même.

Pour garder votre calme en toutes circonstances, écoutez tous les jours *Enfin Calme*.

Pour être heureux quoi qu'il arrive, écoutez tous les jours *Enfin Heureux*.

Pour apprendre l'anglais avec rapidité et facilité, écoutez tous les jours *Enfin Bilingue*.

Pour apprendre l'arabe avec enthousiasme et plaisir, écoutez tous les jours *Enfin Bilingue en arabe*.

Parentalité
Parents heureux, enfants joyeux ! Proverbes et citations motivantes pour familles aimantes, de Anna Fonseca

Histoire
La révolution française : une conspiration ?, d'Augustin Barruel

Études/Art d'écrire
7 secrets pour réussir brillamment ses études sans le moindre stress !, de Lucia Canovi.

Écrire une scène d'action en s'inspirant d'un grand romancier, de Lucia Canovi

Apprentissage des langues
La Clé De L'Anglais: 365 offirmations* pour

apprendre l'anglais avec enthousiasme, persévérance et plaisir [Ce n'est PAS une faute d'orthographe], de Lucia Canovi

Psychanalyse
Freud tueur en série : vrais meurtres et théorie erronée, d'Eric Miller
Secrets et dangers de la psychanalyse : Freud n'est pas votre ami, de Lucia Canovi

Science
Sept mensonges de la science, de Lucia Canovi
La terre ne bouge pas, de Gustave Plaisant
La terre est immobile : preuve que la terre ne tourne ni autour de son axe, ni autour du soleil, Carl Schoepffer

Féminisme et sexisme
Sept mensonges du féminisme, de Lucia Canovi
Sept mensonges du sexisme, de Lucia Canovi

Religion/spiritualité
Eckhart Tolle et l'idiocratie : découvrez la doctrine et les effets d'un grand maître spirituel,' de Lucia Canovi
L'Islam au-delà des apparences, de Lucia Canovi
Pourquoi j'ai embrassé l'Islam, d'Anselme Turmeda

Essais/Actualité

Réfléchissez ! Racisme, antisémitisme, quenelle et autres sujets sensibles, de Lucia Canovi

Conversations avec l'ennemi de Dieu : le mal au XXIe siècle, de Lucia Canovi

Le Lait du Mensonge : Fragments d'une parole sincère, de Lucia Canovi

Êtes-vous Charlie ?, de Lucia Canovi

Le piroptimisme : faut-il soigner le mal par le mal ?, de Lucia Canovi

Roman

Un baron en caravane, de Elisabeth Von Arnim

Amour et mensonges sous le ciel d'Italie, de Jean Webster

Horace, de George Sand

Les dames vertes, de George Sand

Nanon, de George Sand

Cecilia, de Fanny Burney (12 volumes)

Développement personnel/Psychologie

Mentalpax : Antidépresseur naturel sous forme de livre préconisé dans le traitement de l'anxiété, des idées noires, de la dépression et des autres diagnostics, de Lucia Canovi

Marre de la vie ? Tuez la dépression avant qu'elle ne vous tue !, de Lucia Canovi

Le trésor : Les questions sont des clés. Les clés

ouvrent des coffres. De Lucia Canovi

La clé de la confiance en soi: 235 offirmations* pour entrer en contact avec votre force intérieure [Ce n'est PAS une faute d'orthographe], de Lucia Canovi

La clé du bonheur : 365 offirmations* pour surmonter dépression, découragement, déprime et être heureux en toutes circonstances [Ce n'est PAS une faute d'orthographe], de Lucia Canovi

La Clé du Calme : 365 offirmations* pour triompher de l'anxiété, du stress, de la colère et trouver la sérénité [Ce n'est PAS une faute d'orthographe], de Lucia Canovi

La Clé de la Richesse : 365 offirmations* à se poser pour s'enrichir malgré la crise [Ce n'est PAS une faute d'orthographe], de Lucia Canovi

Le petit livre de la paix intérieure : Proverbes anti-stress et citations calmantes, de Lucia Canovi

Le petit livre qui fortifie : Proverbes réconfortants et citations motivantes, de Lucia Canovi

Aller mal quand tout va bien : La dépression dédramatisée, de Lucia Canovi

La dépression est-elle une vraie maladie ? 9 idées fausses sur la tristesse et le mal-être, de Lucia Canovi

Et si la dépression avait un sens ?, de Lucia Canovi

Les vraies causes de la dépression, de Lucia

Canovi

Libérez-vous de l'alcool et de la cigarette : Comprendre le joug pour le briser, de Lucia Canovi

Vivez jusqu'au bout ! Suicide, mode de non-emploi, de Lucia Canovi

Vous n'êtes pas fou ! Les maladies mentales démystifiées, de Lucia Canovi

Antidépresseurs, mensonges et conséquences, de Lucia Canovi

Torture ou thérapie ? La vérité sur les électrochocs, de Lucia Canovi

Enfin heureux ! Cinq thérapies gratuites et efficaces pour retrouver le sourire, de Lucia Canovi

La dépression sans nom, de Lucia Canovi

OrdiZen : La méthode de rangement qui permet de savoir exactement où est quoi dans son ordinateur... et de le retrouver rapidement !, de Lucia Canovi

À propos de Lucia Canovi

Lucia Canovi est auteur, éditeur et iconoclaste. Sa vie comporte trois actes très différents.

Premier Acte : Adeline Aragon gagne six prix littéraires, réussit ses études de lettres modernes et obtient du premier coup l'agrégation, concours réputé pour sa difficulté. Après ces brillantes études, désorientée, elle se tourne vers l'enseignement moins par choix que par impossibilité de changer en gagne-pain l'écriture, sa vocation de toujours. Pendant ce premier acte, elle est athée, cartésienne et militante féministe (Voir son livre *Sept mensonges du féminisme*).

Deuxième Acte : profondément insatisfaite de sa vie même si elle a « tout », à 27 ans elle se lance dans l'astrologie, le tarot et le russe, se teint les cheveux en rouge vif, quitte sa Toulouse natale pour Paris, et troque son rationalisme contre un mysticisme échevelé qui la mène à l'hôpital psychiatrique pour deux semaines. Loin de lui apporter le bonheur, cette route tortueuse se révèle de moins en moins carrossable. Pendant ce second acte, elle fume, boit, construit des châteaux en Espagne (voir son livre *Libérez-vous de l'alcool et de la cigarette : comprendre le joug pour le briser*), continue à écrire sans convaincre aucun éditeur de son génie, et adopte toutes les croyances du Nouvel Âge, dont la réincarnation. Elle est alors une disciple enthousiaste d'Eckhart Tolle (Voir son livre *Eckhart Tolle et l'idiocratie : doctrine et effets d'un « grand maître spirituel »*).

Troisième Acte : arrivée au bout de ses ressources financières, sans ami et sans amour, pour la première fois de sa vie elle se tourne vers Dieu pour Lui demander Son aide. Une semaine après, elle rencontre l'homme de sa vie qui lui propose immédiatement le mariage et l'Islam. Le coup de foudre étant réciproque, elle accepte le mariage. Quelques mois et d'innombrables lectures plus tard, dont *Le Mensonge de l'évolution* d'Harun Yayha, pour son plus grand bonheur elle se convertit à l'Islam.

Encouragée par son mari, elle se remet à l'écriture sous le nom de plume de Lucia Canovi avec un enthousiasme renouvelé et un but bien précis : aider les personnes qui souffrent comme elle a souffert. Son grand livre *Mentalpax : antidépresseur naturel sous forme de livre préconisé dans le traitement de l'anxiété, des idées noires, de la dépression et des autres diagnostics (*publié dans une première version sous le titre *Marre de la vie ?)* est le fruit de huit années de recherches ; les lecteurs l'adorent.

Par la suite, elle écrit sur toutes sortes de sujets,

avec un intérêt particulier pour la logique, le développement personnel (voir en particulier son livre *Le trésor : découvrez la méthode la plus simple de vous faire des alliés et de réaliser vos rêves*), la religion (voir son livre *L'Islam au-delà des apparences*) et le mal sous toutes ses formes (voir son livre *Conversations avec l'ennemi de Dieu : le mal au XXIe siècle*).

En 2015, prenant conscience qu'il ne sert à rien d'attendre l'éditeur charmant, Lucia Canovi se décide à créer sa propre maison d'édition par internet, **lucia-canovi.com,** ce qui lui donne l'opportunité de publier *Freud tueur en série : vrais meurtres et théorie erronée*, chef-d'oeuvre d'investigation où Eric Miller prouve par A+B que Freud a sauvagement assassiné son neveu John, ainsi que quelques-uns de ses amis et quelques unes de ses patientes.

Iconoclaste, Lucia Canovi prend un plaisir subversif à mettre en pièces les mensonges les mieux établis, démolissant en priorité les impostures qui, en raison de leur ancienneté ou de leur succès quasi universel, semblent infiniment plus vénérables que les vérités ridiculisées qu'elles prétendent remplacer.

Aujourd'hui, Lucia Canovi vit tranquillement en Algérie avec son mari et ses deux enfants, et s'emploie à offrir le meilleur à ses lecteurs de plus en plus nombreux. Ses livres sont traduits en anglais, espagnol, allemand, italien, portugais, japonais, russe et néerlandais. Vous pouvez lui écrire à lucia@lucia-canovi.com.

Quittez les chemins battus !

Vous voulez quitter l'autoroute où tout le monde s'entasse pour trouver le (vrai) bonheur ?

Inscrivez-vous gratuitement à la lettre bleue. La lettre bleue, c'est une goutte de sagesse, de courage et d'anticonformisme tous les matins, sous la forme d'une citation commentée. Inscrivez-vous maintenant, et récupérez du même coup les 20 premières pages du *Trésor*.

C'est ici : http://lucia-canovi.com

Vous pouvez aussi me suivre sur YouTube :

www.youtube.com/LuciaCanovi

Table